家居设计宝典系列

HOME DESIGN BIBLE

设计新主张

· 禅意新中式

· 典雅欧式风

· 简约现代风

· 休闲美式风

· 纯美简欧风

# 清新地中海

深圳视界文化传播有限公司 编

中国林业出版社
China Forestry Publishing House

# 前言 PREFACE

室内设计风格的形成，受当时政治、经济、历史等多重因素的影响，染上了不同时代和地区的烙印和特点。一种典型风格的形成，是地域、自然条件、文化艺术等的综合反映，表现出来的是创作中的造型和特点，反映的是作品的格调和内涵。室内设计风格逐渐发展至今，已形成多样的、具有一定代表性的风格：欧洲文化内涵突出的欧式风格，广采众长不失自己特点的美式风格，走在时代潮流前沿的现代风格、传统与现代有机结合的新中式风格等，“百花齐放，百家争鸣”，呈现出丰富多彩的表现形式。

The formation of interior design style was influenced by the politics, economy and history at that time so that it has characteristics and features of different times and areas. The formation of one typical style is an integrated reflection of region, natural conditions and cultural art, which presents the modeling and features of the creation and manifests the tone and connotation of the projects. The interior design style has been gradually developed and has formed diverse and typical styles, such as the European style which highlights European cultural connotations, the American style which learns widely from other styles and keeps its own features, modern style which stands in the front of the trend and Neo-Chinese style which skillfully combines traditional with modern. “A hundred flowers blossom and a hundred schools of thought contend” presents rich and colorful forms.

SPECIAL TODAY
GARDEN

# 目录 CONTENTS

# 清新地中海

# FRESH MEDITERRANEAN STYLE

纯美 | 清爽 | 自然

文艺复兴前的西欧，家具艺术经过浩劫与长时期的萧条后，在 9 ~ 11 世纪又重新兴起，并形成自己独特的风格——地中海风格。因富有浓郁的地中海人文风情和地域特征而得名，并很快被地中海以外的大区域人群所接受。

同其他的风格流派一样，地中海风格有它独特的美学特点。在选色上，它一般选择直逼自然的柔和色彩；在组合上注意空间搭配，充分利用每一寸空间，且不显局促、不失大气，解放了开放式自由空间；集装饰应用于一体，在柜门等组合搭配上避免琐碎，显得大方、自然，让人时时感受到地中海风格家具散发出的古老尊贵的田园气息和文化品位；其特有的罗马柱般的装饰线简洁明快，流露出古老的文明气息和地中海风格特征。

地中海风格的建筑特色是：拱门与半拱门，马蹄状的门窗。建筑中的圆形拱门及回廊通常采用数个连接或以垂直交接的方式，在走动观赏中，出现延伸般的透视感。家中的墙面处（只要不是承重墙），均可运用半穿凿或者全穿凿的方式来塑造室内的景中窗，这是地中海家居的一个情趣之处。

此外，以纯美的色彩方案为主，蓝与白是比较典型的地中海颜色搭配。家具尽量采用低彩度、线条简单且修边浑园的木制家具。地面则多铺赤陶或石板。马赛克镶嵌、拼贴在地中海风格中算较为华丽的装饰。主要利用小石子、瓷砖、贝类、玻璃片、玻璃珠等素材，切割后在进行创意组合。在室内，窗帘、桌巾、沙发套、灯罩等均低彩度色调和棉织品为主，素雅的小细花条纹格子图案是主要风格，独特的锻打铁艺家具，也是地中海风格独特的美学产物。

| 户型档案 |

设计公司：PINKI DESIGN

设 计 师 ：刘卫军

项目面积：100平方米

项目地点：吉林

主要材料：大理石、文化石、木饰面等

# 菲格拉斯的黎明

本案基于 ART DECO 的装饰特征，用生活情景化的视角构建超现实主义艺术美学。

萨尔瓦多·达利之戒，唤醒了想象力盛放之城——菲格拉斯。风起云涌的是文森特·梵高呐喊的灵魂，明朗的海天辉映和恬静的山野村庄才是他对生活的渴望。该是达利之戒解了土壤的禁咒，蘑菇得以从麦穗中生长，蓝天和沙滩幻化成魔毯，托着三五个沙发茶几，托着一个慵懒的梦。

太阳在向日葵的花蕊中睡眼惺忪，所有的花儿都撑起懒腰，菠萝也从帐篷中探出了头，除了耷拉在沙发上赖床的女人的披肩和睡觉不老实而滚落在地上的抱枕。女人去厨房煮早餐，昨夜读了一半的书懒散地趴在沙发上，想念着西洋咖啡。书桌上贪睡的闹钟让黑色的马鹿错过了赶回孩子的笔记里的时间，定格在那。男人起床了，太阳开始上班了。

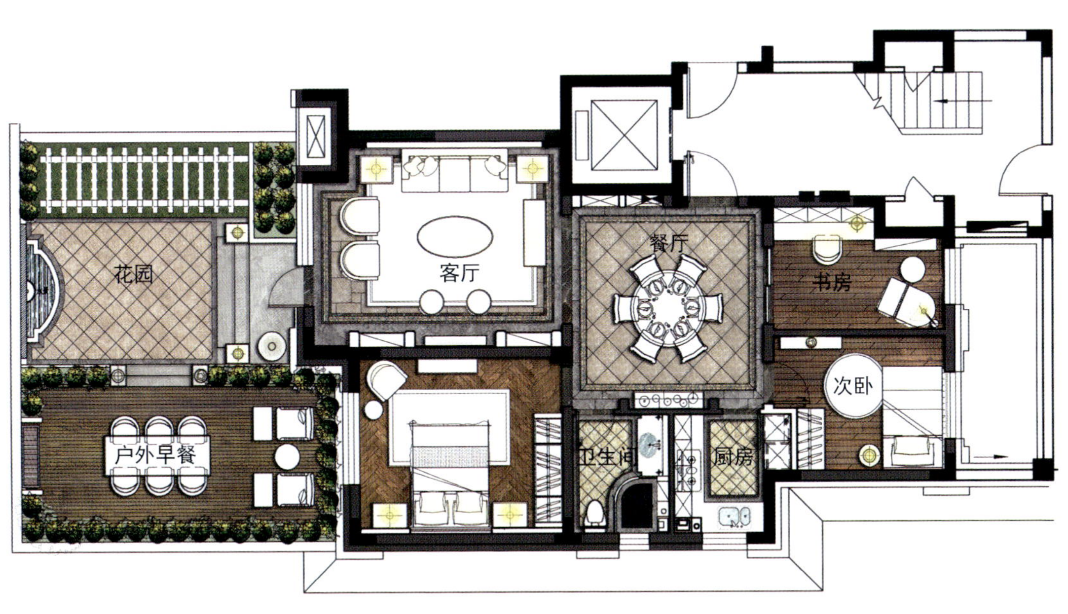
餐厅
花园
客厅
书房
次卧
户外早餐
卫生间
厨房

以宽度不一、色彩不同的竖条纹为背景墙面，给这个简易的办公区域奠定了文化内涵的基调，橱架上摆放着各种书籍、小盆栽、照片、摆件等，承载着屋主不同的心路历程。一旁的单椅与脚踏，为疲乏时提供小憩的享受。

K.tinto
KEEP
CALM
AND
CARRY
ON

| 户型档案 |

设计公司：PINKI DESIGN

设 计 师 ：刘卫军

项目面积：185平方米

项目地点：吉林长春

主要材料：大理石、木饰面、墙纸、马赛克拼图等

# 阿巴塞罗那的记忆风景

每个人的心中都有一首蓝白色彩的诗歌。灿烂的阳光、金色的沙滩、蔚蓝色的海洋、碧蓝的天空、迎面而来的清风。带你领略一种简单无忧、轻松慵懒的生活方式，一种宠辱不惊，闲看庭前花开花落；去留无意，漫随天外云卷云舒的闲适意境。享受大自然赋予的美景，陶醉在巴塞罗那的浪漫情怀中。

本案以蓝、白主色调，在室内掀起一股海洋风。木质家具与布艺家具的搭配，清新舒适。天花多采用木质吊灯，搭配精致时尚的水晶灯，大理石地板则搭配气势不凡的地毯，营造一种大气恢弘的氛围。背景墙多采用大幅面的彩绘或墙纸，给人一种视觉上的冲击。设计师意在为屋主打造一个清新、浪漫的家庭住宅，承载着美好回忆的幸福生活。

质朴的木吊顶，精致的白色橱柜，大面积的百叶窗，蓝白相间的瓷砖贴面，无可否认，厨房中也是满满的海洋气息。

层层递进的天花造型，木质与石膏的结合，搭配精致的水晶烛台吊灯，自然、时尚。背景墙面选用海浪图，与蓝白床品相得益彰，加上插花、挂画的点缀，为空间增添了浪漫、温暖的气息。

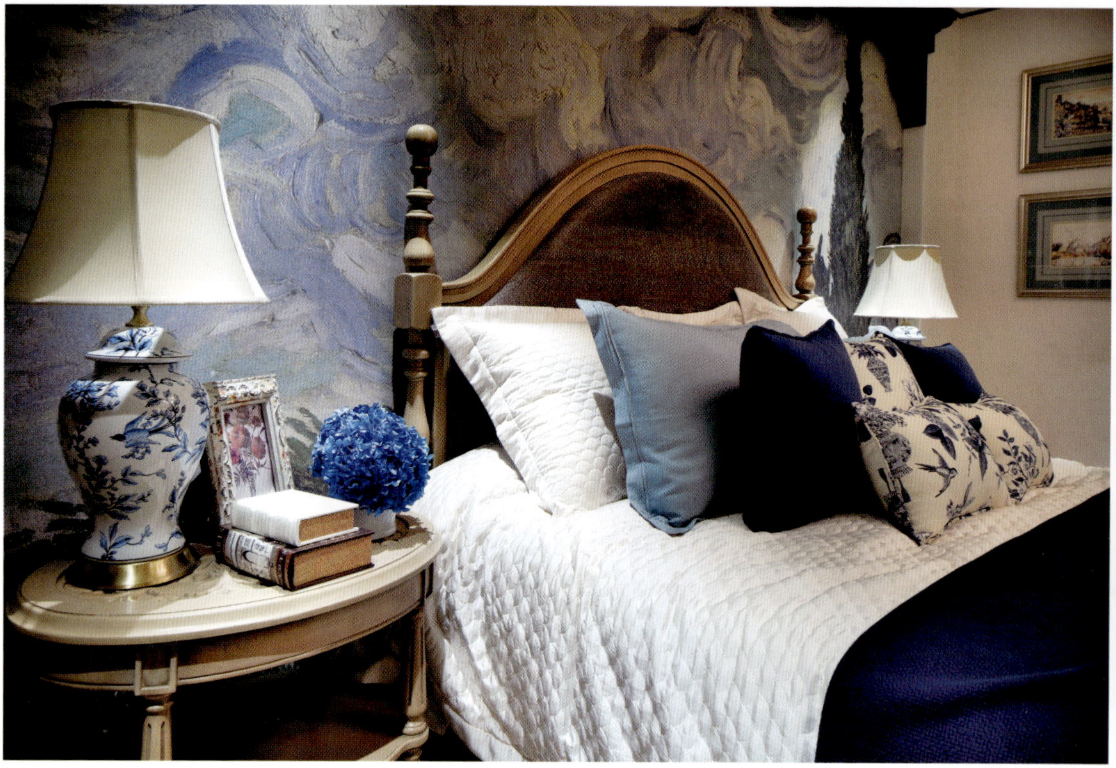

主卧
衣帽间
主卫
书房
客厅
玄关
餐厅
西厨
卫生间
小孩房
阳台
中厨

London Herald
TREBLE!!!
London Herald
REJOICING CROWDS
CELEBRATE VICTORY
IN EUROPE
End to German War
Declared

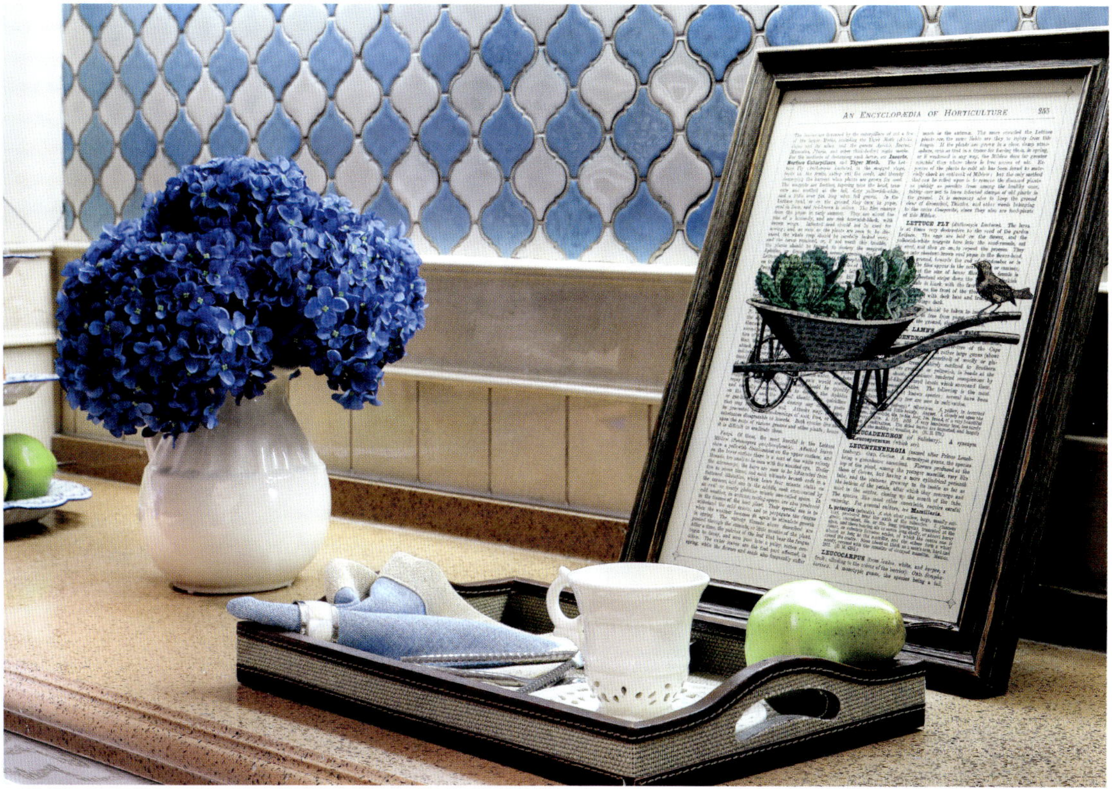
An Encyclopædia of Horticulture

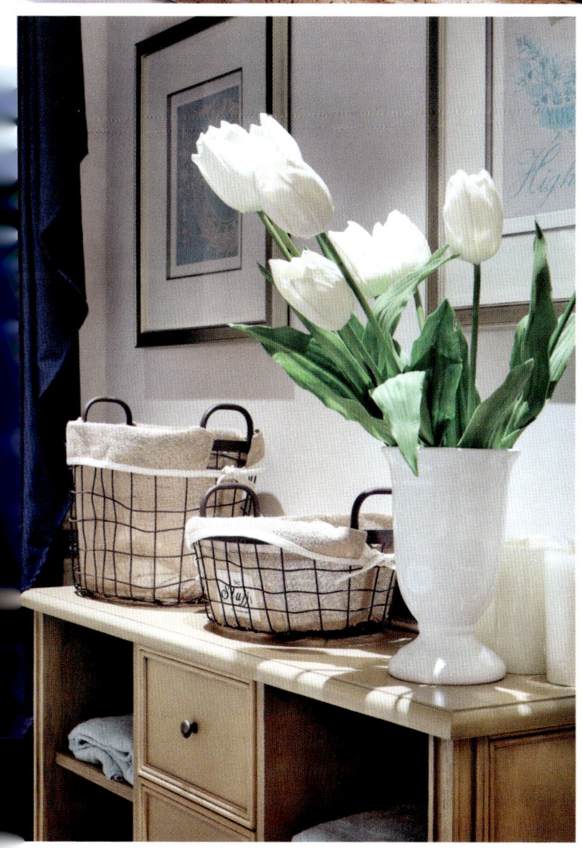

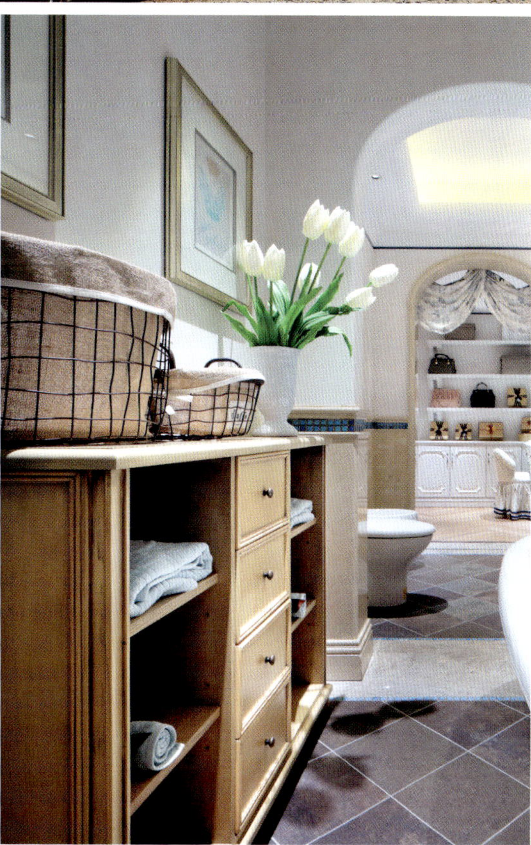

| 户型档案 |

设计公司：香港神采设计建筑装饰总公司宁波分公司

设 计 师 ：史林艳

项目面积：200平方米

项目地点：浙江宁波

主要材料：尼斯木饰面、米黄石材、柚木等

# 蝴蝶海

这幢别墅坐落在美丽的美的蝴蝶海，它依水而建，亲水而居，云蒸霞蔚，苍茫所指，尽享海天盛景。设计中，我们对建筑内部空间关系进行了点题式的调整：开放式厨房、餐厅重塑了空间秩序，成为整套别墅的亮点。

整个空间中，着力用充满现代感的柔和色彩渲染卓尔不群的美学精神，在层次感的渐变中将时尚简约内化为风格表现重点，灰蓝色的主调，追逐一种古典主义的巴黎浪漫情怀，力求空间与人文的自然融合，在体验海派人士绅士情怀的同时，表现一种具有持久生命力的低调奢华。艺术品及花艺的陈设，使人之本心灵动起来，对喜欢出国旅行的人来说，会让你在旅行哲思中带来一种内心的冲动、向往和无限的生命遐想。

对一个家来说，最奢侈之处也许就在于窗外的风景，位于美的蝴蝶海的L-2别墅临水而居，周边是以水为主题的亲子乐园，以及游艇俱乐部，在蔚蓝的天幕下，狭长的沙滩上，热爱自由的父母带着一对双胞胎儿女徜徉其中，同海水和沙子一块儿玩耍，从小就给他们一个乘风破浪、勇往直前的海洋梦，最清新的海风轻摆着落地窗的纱幔，催生了本案的装饰主题。

阳光下那单纯而明亮的自然色彩——海蓝，自然成了标志性的主调，点缀以饱和度较高的黄、绿、红等纯色，呼应低彩度的自然旧木色，在对比中突出清新的主题。天然陶土家居用品的线条图案则在辗转随意中抚平雕饰的痕迹，象征海之美的贝壳、海螺、海星、珊瑚，象征荣誉的月桂，象征自然的各种爬藤植物，象征信仰的鹿角则将典型异国情调和美感纹样渗透其中，这一切，和各种彩色陶土花砖铺设的地面、锻铁制品、大幅手绘墙画一起，营造出一种简单而放松的心灵知觉，这正是本案最想表达的精髓。

玄关如同签名，给人留下第一印象，尤需别具匠心，那一处明亮的手绘在第一时间给人一种置身于清新海风之中的强烈感受，打磨做旧的实木船舵，救生圈等饰品，品蓝、盘旋的绳索，船锚及灯塔等具有海洋色彩的图案元素在墙纸和窗帘中的应用，都将那种清新海风的感觉延续。

每天清晨，当那缕清新的海风推开门扉，由外向内的湛蓝，沁入心脾，相信美好的一天又要开始了。

| 户型档案 |

设计公司：北京王凤波装饰设计机构

设 计 师 ：齐天震

项目面积：134平方米

项目地点：内蒙古呼和浩特

主要材料：瓷砖、实木、布艺等

# 清新地中海

这是北京王凤波装饰设计机构为内蒙古呼和浩特市的金石·香墅岭打造的系列样板间之一。这个样板间的主案设计师是机构的高级设计师齐天震。设计师在空间塑造中，采用了带有浓厚海洋气息的地中海风格，在一个内陆省会塑造出了一个带有浓厚休闲气息的样板间。

在这套LOFT样板间中，设计师采用了清新舒适的地中海风格，以迎合年轻购房者、特别是女性购房者的喜好。大面积的白色和蓝色，不仅很好地体现出原户型宽敞的面积，也突出了地中海风格浓厚的休闲氛围。

设计师在整个样板间的设计中，打破原有以直线条为主的空间格局，在装修造型及家具选择上，采用了很多柔和的曲线设计。这些柔和的曲线给人舒适、放松的感觉，打破了现代住宅给人生硬、冰冷的印象。在客厅的大落地窗一角，设计师还安排了一个装饰性的壁炉,同样采用了曲线为主的设计。

WELCOME TO THE
SPECIAL TODAY

SPECIAL TODAY
GARDEN

通过一道漂亮的楼梯，可以到达样板间的二层。二层是业主家庭的专属区域，设计师在这里安排了主卧室、儿童房和一个客卧以及一个家庭活动区域。在二层空间的处理上，设计师加入了一些温暖的黄色调，使整个空间看起来更加温馨和舒适。

设计师把样板间的一层规划成为一个公共区域，除了带有大幅落地窗的客厅区域之外，还有餐厅、厨房和一个公共卫生间。设计师把餐厨区域合为一体，让空间显得更加通透。单独的早餐吧设计，更加丰富了空间的使用功能。

HOME
DREAM
PARIS
OUYE Furniture

设计师在主卧室与楼梯相邻的墙面上，特别设置了一扇弧形的大窗。让原本封闭的卧室与整个二层形成“互动”，让样板间的趣味性和空间层次感进一步加强。

主卧室是二层的重点区域，设计师把卧室空间也处理成弧形的，一张大大的圆床让所有参观者都眼前一亮。蓝白条纹的床品与墙面壁纸形成了统一，让空间显得非常清新。

浓重的海洋气息，也同样洋溢在卫生间里。水滴形状的镜子，是设计师精心挑选的。而白色的浴缸配以马赛克的墙面，恰似一条小船停靠在海边的沙滩上。

儿童房的海星型吊顶暗藏了发光灯带，与储物柜形成一体的床榻设计趣味性十足。而蓝色的飘窗造型，既妆点了空间又有很好的实用性。

客卧的设计虽然简单，但也同样精彩。海螺型的顶面装饰与弧形墙面相呼应，局部黄色调的点缀使空间显得更加鲜活。

| 户型档案 |

设计公司：重庆品辰装饰工程设计有限公司

设 计 师：杨万煜

项目面积：135平方米

项目地点：云南昆明

主要材料：仿古砖、墙纸、显纹漆、镜面等

# 天鹅湖的纯雅舞鞋

本案主要为突出清新雅致的生活状态。从整体到局部，从布局规划到软装配饰，都给人精雕细琢的唯美印象。设计师保留了欧式风格的材质、色彩的精髓，同时又摒弃了过于复杂的肌理和装饰，简化了线条，让空间线条更加的流畅，也让气氛更贴近自然。设计方面崇尚以功能至上的原则，注重空间合理规划的同时也注重典雅高贵的体现。意在让家的氛围更为和谐且带着一丝浪漫的梦幻情调，居家生活充满了无限的情趣感。

在简约清朗的空间基础里，考究的色彩搭配为我们带来美好纯净的视觉感受。纯白、雅蓝、清绿、亮粉，浓妆淡抹之处都赋予了独特的空间表情。将家布置出这样的氛围，更能组合出一种现代生活的舒适感与优雅的居家品味。

精心挑选的摆设和家具及饰品，不同材质的相融、碰撞，将舒适的功能性与外在的审美性融为一体。不论是地上零落的海星，还是在地毯上休憩的粉色芭蕾舞鞋，都让家装变得优雅高贵。细数陈列，每个物件的铺陈搭配，都让清新感与甜美感同在，独特的设计语言被运用到多处地方，展现出欧式风格的尊贵姿容，同时又兼具优雅时尚的现代感。

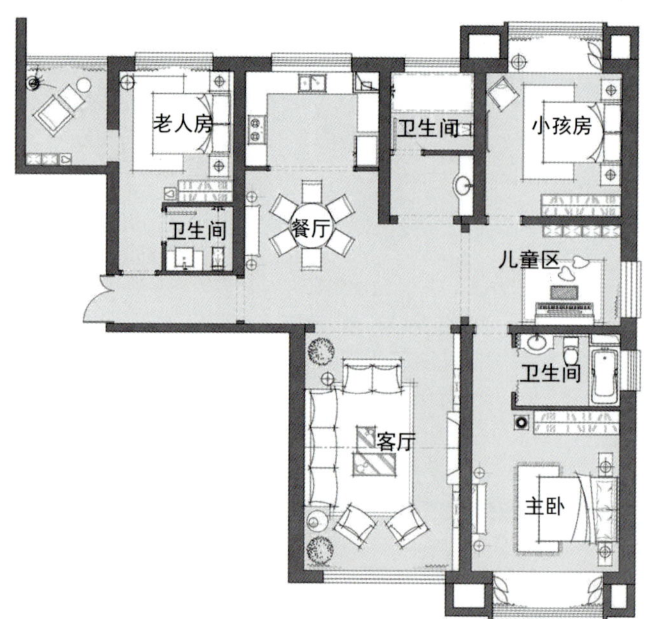


素雅静白的客厅空间，从浅到深打造出丰富层次感的同时，勾勒出浓郁的自然气息。一把白色大提琴在午后邂逅了一张湖水蓝的摇摇椅，倾听着陈列柜上的水手笑谈当年海上的传奇，这个空间可以创造无限的可能。

梦幻色彩充斥着整个女儿房，甜美却又不失活泼，成为女生们的心头挚爱，实现了她们粉色的公主梦。

SAILING ADVENTURE
EAST COAST

## 户型档案

设计公司：福建国广一叶建筑装饰设计工程有限公司

设 计 师：庄锦星

项目面积：80平方米

项目地点：湖南株洲

主要材料：大理石、钨钢镜面不锈钢、墙纸、镜面、软包等

# 简约时尚

柔美精致的家居，是很多家庭装修时考虑的重要因素。本案给人的感觉是遒劲而富有节奏感，整个立体形式都与有条不紊的、有节奏的曲线融为一体。以简洁的造型、完美的细节，营造出时尚前卫的感觉。这种居家的软装搭配不仅可以展现时尚的魅力，也流露出无限温馨的舒适感。空间虽然简约，但色彩的搭配弥补了视觉上的单调感，整个空间的设计不单是对简约风格的遵循，也是一种个性上的展示。

白色和蓝色，大自然最纯朴的元素，是贯穿整个空间的主色调，使室内空间洋溢着一股海洋的气息，给人一种阳光而自然的感觉。随处可见的小巧可爱的绿植、盆栽，让家里显得绿意盎然，如同在户外一般。绿色的植物也能净化空气，身处其中，会倍感舒适。

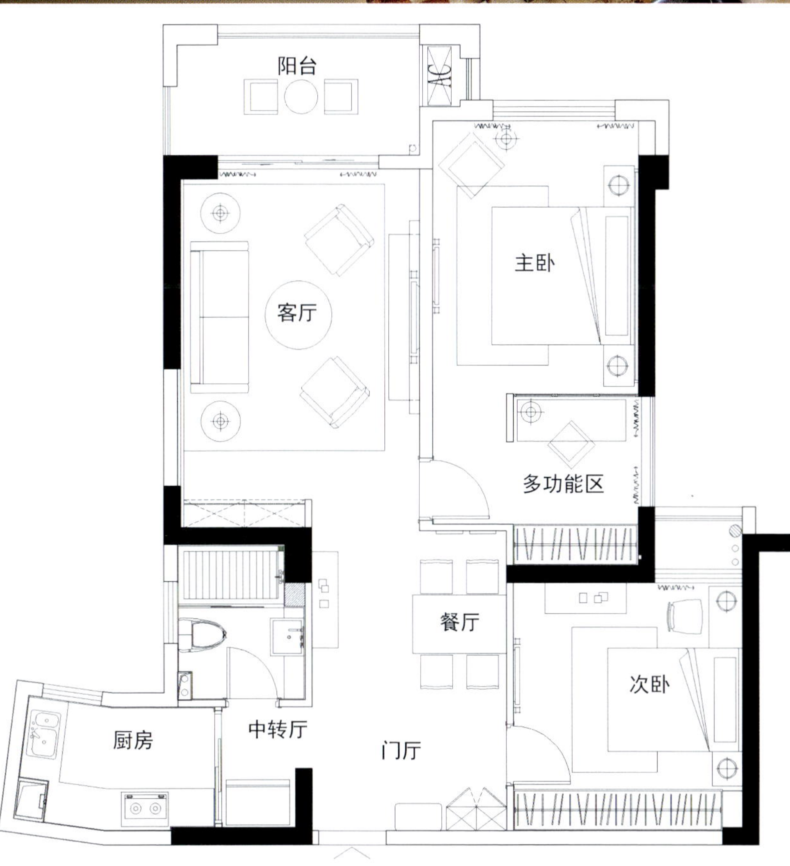


客厅背景墙以大理石铺设，大理石的纹理如同若隐若现的山的轮廓，黑色入墙式橱窗里，蝴蝶翩翩飞舞，一旁的阳光、海滩、城堡，给人无尽的浪漫享受，仿佛置身其中。拼接地毯温润了冰冷的大理石地面，白色的沙发展示着舒适，蓝色的抱枕和方巾，成为空间的点睛之色。

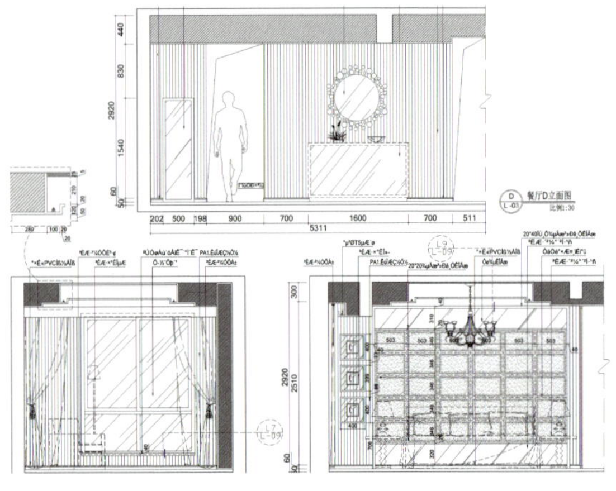

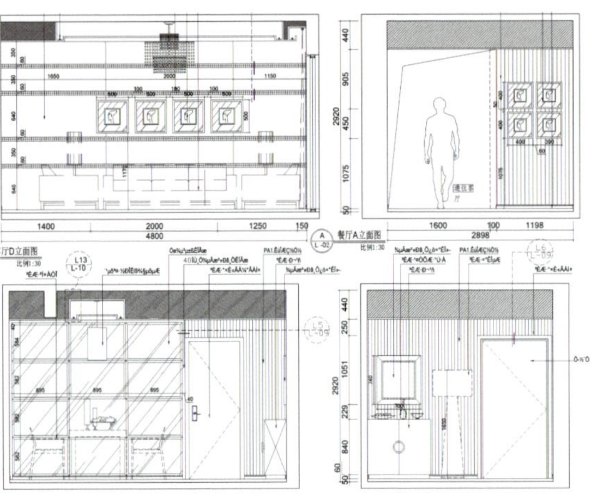

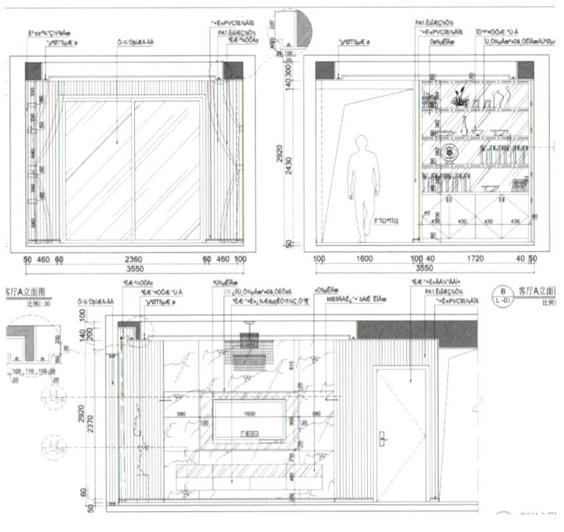

主卧典雅、温馨，软装搭配以舒适为主，为屋主提供了私人的休息之所，蓝色的抱枕与整个空间的色调相呼应。玻璃隔断将主卧分离出一个单独的小空间，可作梳妆台之用，也可在此处理一些工作上的事情。

| 户型档案 |

设计公司：PINKI DESIGN

设 计 师 ：刘卫军

项目面积：100平方米

项目地点：吉林长春

主要材料：瓷砖、墙纸、乳胶漆、大理石等

# 克里特的夏天

“生活美学”认定“审美即生活”，当代艺术走向“艺术即经验”。随着当代“审美泛化”“生活审美化”与“艺术生活化”愈演愈烈，我们亟须回归“生活世界”来重构一种“活生生”的当代美学和艺术论。西方人的审美在于善用理性思维和逻辑，而我们的审美更倾向于顺其自然和谈情感。思维逻辑可以让我们把生活安排得有条不紊，至少看上去就像是自己的生活一样，一切都那么合理而平衡，我们由此而获得一种确定感。再让我们从历史和美学的角度来看看，从农业时代到工业时代，人的生产力提高了，但是人被产品驱动了，人性被剥夺了。农业时代的人们可以主宰自己，可以沉醉于琴棋书画。

随着收入和福利的提高，跨国工业时代的人们需要更高层次的需求，回归人性。未来是从工厂时代到工匠时代的回归，非机械化批量生产的订制就是工匠最大的特点。空间设计也同样如此，本案中我们借以非对称的均衡设计语言来表达一种非确定性、弱规则感的自然审美主张，倡导一种更随性更具亲和力的自然生活美学。克里特的夏日之旅，打包你的行李，跟我们来一次阳光下逐沙滩的旅行吧。

深浅不一的竖条纹背景墙，大面积的开窗，微风袭来，纱窗帘随风起，一股来自大海洋的气息氤氲在整个家中，十分自然、温馨，随处可见的绿植也是十分应景。

主卧色调延续整个空间色调，以蓝色的海洋为主题，布艺以舒适为主，意在创造一个恬静、惬意的休息空间。

| 户型档案 |

设计公司：上海迅美装饰设计有限公司

设 计 师 ：赵辉

项目面积：560平方米

项目地点：吉林

主要材料：瓷砖、壁纸、实木等

# 薰衣草花开的季节

本案为地中海田园风格，特点是务实、规范、成熟，室内的空间布局很好地体现了这个特点，进入户门，就可以欣赏到家居空间中对外的公共部分，这个公共部分就是客厅和餐厅，这里布置的时候会选择华丽、光亮的一些材质，客厅的装修简单却不失典雅，这两个功能区在设计风格中占有着重要的地位。

闻闻薰衣草的香味，感觉一下这里生态自然给你不一样的收获。你会陶醉在紫色的花海中，感觉生活是如此甜蜜。风起的时候，薰衣草的味道总会飘进你的身边，阳光下的香味弥漫着思念带走你工作生活所有烦恼，走在薰衣草中用力呼吸，空气有了不同的口味，“薰衣草如同青春少女” 抒情诗，让你如醉如痴。

到了开花季节，其香远在十里之外都能够闻到，更绝妙的是，站在一大片花田里边，嗅到的香依然还是淡远温和，不像其他花香，急急地要把人熏倒。

FAMILY

玄关
次卧
餐厅
厨房
客厅
主卧

实木板拼接的天花，充满自然气息，壁纸和挂画上的花朵和枝条，以及随处可见的插花和绿植，营造了鸟语花香的意蕴，为餐厅添加了浪漫、温馨的氛围。

儿童房以白色为主色调，加上少许亮色的点缀，整个空间的色彩鲜活、明快，符合儿童纯真的天性。白色的床幔实现了孩子的公主梦，墙上的影视人物挂画、人物雕塑、动物玩偶，给儿童无尽的想象空间。

| 户型档案 |

设计公司：苏州雅集室内设计有限责任公司

设 计 师：金卫华

项目面积：560平方米

项目地点：江苏张家港

主要材料：索菲特金石材、罗马米黄石材、古船木、石材马赛克、白橡木木皮、装饰壁纸等

# 生活里那个希冀的“家”

要有一个家，像是度假归来的栖息地；要有一个大的阳台，可以观景种花呼吸窗外的新鲜空气；要有一个大餐厅，周末可以和几个老友浅吟低唱；要有一面墙，挂着满满登登的全是记忆。我想这是我们许多人所希翼的“家”。

在本案设计中跳跃的色彩，繁多的装饰元素，如同一股生机注入血液。将原本沉寂的空间，瞬间苏醒，同时也预示着唤醒人们对生活本真的向往以及对优雅和浪漫的共鸣。各类白色、红色、黄色轻轻触碰的花朵，在热情奔放的同时也给了我们美的享受。另外少许的蓝色点缀左右，又与浴室间的大面积瓷砖蓝相呼应，清凉与舒适触手可及。

本案设计师在软装的选择上可谓别具匠心。摈弃了古老欧式的奢华与繁复，选用的都是一些纯朴、自然的小物件。无论是客厅背景墙的装饰还是房间的摆设，采用别致的鹿头搭配精美的瓷盘，美观的又避免琐碎，同时让空间显得大方、自然、纯朴，还散发出一种古老尊贵的田园气息和文化品位。

复古的木地板，实木打造的书柜，为整个书房增添了古色古香的韵味。书柜里摆放着各种书籍、摆件，充满文化气息。开窗的设计增加了室内的采光和通风。

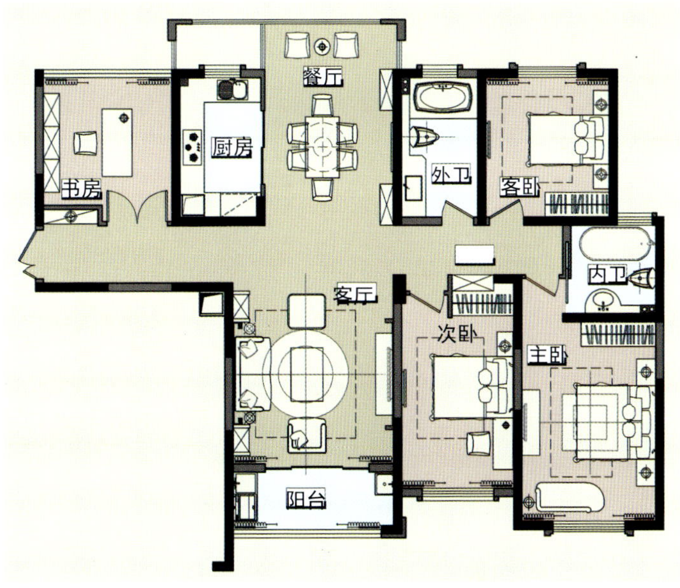

主卧床头壁龛的软包时尚大气，床品舒适温馨，天花宽敞明亮，吊灯精致奢华，塑造了一个适合居住并有内涵的空间。

| 户型档案 |

设计公司：香港译元艺术设计有限公司

设 计 师 ：李群盛

项目面积：400平方米

项目地点：上海

主要材料：乳胶漆、仿古砖、大理石等

# 爱上波波族式生活

“波波族”（BoBos）一词当下正火，它是由布尔乔亚（Bourgeois）和波西米亚（Bohemian）两个词合并而成的，指的是那些拥有高学历、丰厚收入，同时又具有艺术家式冒险和叛逆精神的人。他们享受优渥的物质确不铺张浪费奢靡，追求唯美自由的精神却不极端乖张，这是他们对生活品质的基本态度。本案的女主人正是“波波族”的典型代表。

暖黄色的外墙、拱形门窗、精致铸铁栏杆、红色筒瓦，充满南加州风情的别墅，一派纯粹宁静之感。而正是在此基础上，设计师为女主人打造了一个充满波波族风情的家——拥有粗犷的外表和精致的细节，富足的物质和浪漫的艺术气息并存。

因为生活方式的多样化，所以注定了波波族风格的家不可能是以一种风格涵盖得了的。的确，他们最不以为然的就是“统一”二字。虽然本案的业主是一对成熟的中年夫妇，并不追求突兀另类的效果，但细看之下便能发现，这套居室其实是深得波波族风格的精髓。

虽然本案在建筑上有着南加州西班牙风格的典型特征：乳白色的挑空尖顶、铁钉木门，但其中的东方艺术元素却融合得十分妥帖，比如佛像、波斯地毯、木猫等等。尤其值得一提的是，一楼半开放式的中庭是业主读书、休闲的场所，有着地中海式的明朗宽敞，但设计师又在书架上精心饰以中式镂花窗格，古色古香，东西两种元素交融得自然而妥帖，尽显主人与众不同的品味。

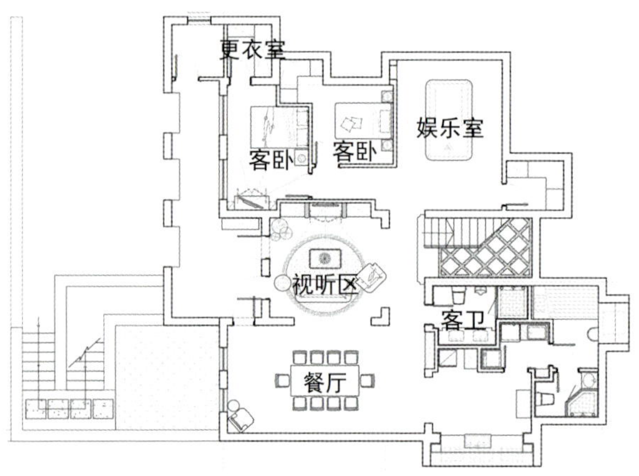
更衣室
客卧
客卧
娱乐室
视听区
客卫
餐厅

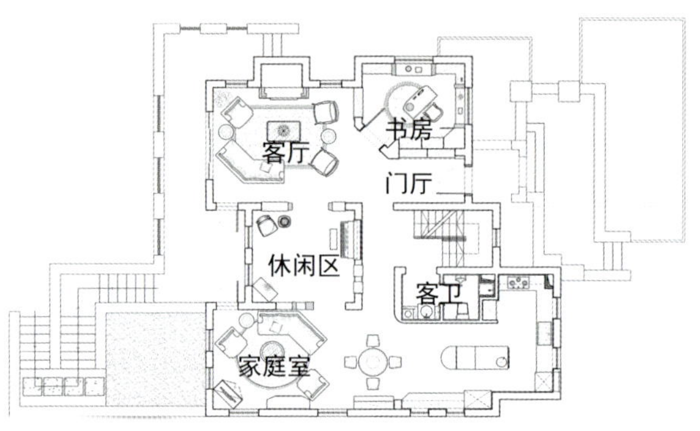
客厅
书房
门厅
休闲区
客卫
家庭室

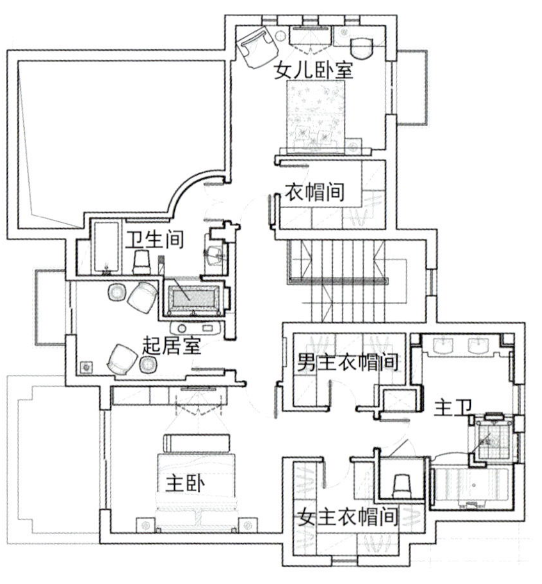
女儿卧室
衣帽间
卫生间
起居室
男主衣帽间
主卫
主卧
女主衣帽间

本案的女主人这样来概括自己的理想之家："外表粗犷、细节精致"。在设计师的用心打造之下，这个家也的确如女主人所设想的那样，拥有了许多华丽的细节。大到整体的格局改动，小到每扇门的装饰，都是精益求精。"理想之家"正是在设计师和业主的不断沟通互动之下完成的。尤其值得一提的是，客厅、餐厅和卧室还摆放了几块女主人特地从国外搜罗来的波斯地毯，它们既和整套居室的氛围相契合，其手工之精致也十分让人赏心悦目，叫人一眼就能看出这家的主人是热爱生活，也会享受生活的人。

| 户型档案 |

设计公司：上海樽顷空间设计有限公司

设 计 师 ：刘楠

项目面积：103平方米

项目地点：上海

主要材料：仿古砖、免漆杉木板、瓷砖等

# 城上城之家

以色彩与复古的材质诠释自然随意的地中海风格，天然的杉木有结疤板材、通透辽阔的深天蓝局部吊顶，延伸至电视柜体整个部分，在书房中阅读放佛置身于大海之中，而电视背景的蓝色弧度勾勒出了鲨鱼的造型，整体充满乐趣和遐想。沙发背后配以明朗清淡的蓝白条纹配上裸砖披上的白衣，看似冲突材质搭配，并用在一起却产生奇妙的视觉效果，让人联想到一些非类型材质的混搭，严谨而烂漫，雅致而内蕴。简洁的线条与规整的家具相互衬托，整个设计将地中海风情融入现代生活，弥漫着自然纯朴又不失特色的理性色彩和人文艺术。

本案设计理念来源于业主对蓝色色彩的情有独钟，喜欢浪漫的地中海感觉，电视背景墙来源于鲨鱼嘴型的灵感，设计中将其简化，弧度的电视背景一直延伸到圆形的地台区域，拉伸了整个客厅的层次及深度。灯光可以增加空间的立体感和氛围，多重光源可以修饰空间的立体感，一般都是主光源铺垫照明，再用辅助光来纵深层次，本案客餐厅是靠复古怀旧的铁艺灯来烘托整个氛围，黑色的灯托，黄色的玻璃罩搭配在一起非常典雅。

门厅的特色之处在于将原来短小的门厅延伸到原有卧室门位置。当主人忙完一天的工作回到家，推开门心情也豁然开朗。原来半圆形阳台基本起不到任何作用，设计师将原有移门敲掉，再拉出半个圆形地面，将地面抬高，做了一个休闲的阅读区域。不仅把阳台利用进去，而且将客餐厅的视觉又延伸了下去。

餐厅的多功能卡座两边是酒柜，中间是卡座，将储物与装饰一系列功能全隐藏在于此。

厨房的整体采用亮色，地板与墙面采用同样的几何拼接铺设，相互呼应，整个空间现代化厨具的配备体现了屋主对生活的一种向往。

原有次卧的一小部分面积，设计师分为了一个衣帽间及储藏室，储物类别分类明细。

2014
FUNSHION CALENDAR

| 户型档案 |

设计公司：南京元洲装饰公司

设 计 师：陈琼

项目面积：135平方米

项目地点：江苏南京

主要材料：木地板、瓷砖、玻璃等

# 迷情地中海

本案定位为法式地中海风格，其基础是明亮、大胆、色彩丰富、简单、民族性、有明显特色。重现地中海风格不需要太大的技巧，而是保持简单的意念，捕捉光线、取材自然，大胆而自由地运用色彩、样式。取材于大自然的明亮色彩，让法国地中海风格独具一格。

本案开放式的空间结构、随处可见的花卉和饰品、雕刻精细的家具……所有的一切从整体上营造出一种法式地中海的浪漫气息，在任何一个角落，都能体会到主人悠然自得的生活和阳光般明媚的心情。

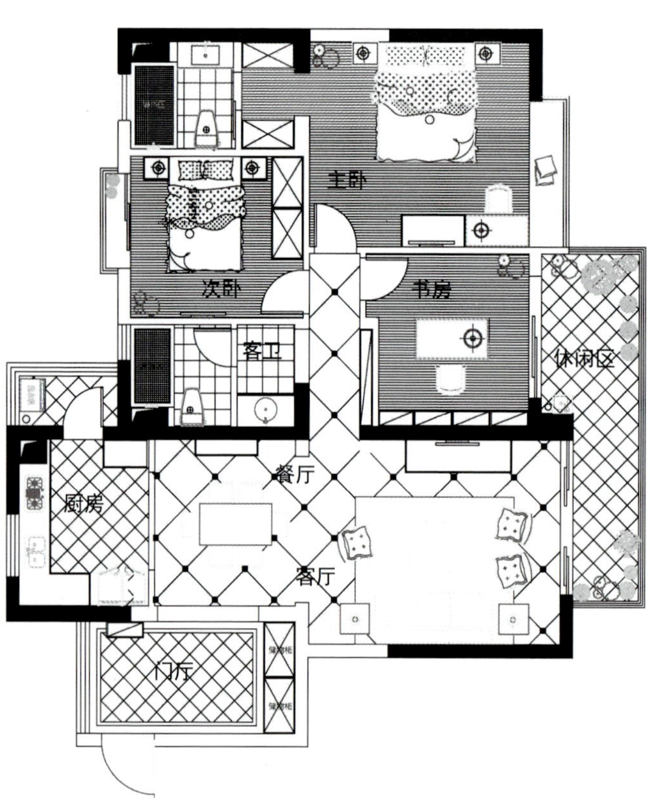

主卧
次卧
书房
客卫
休闲区
餐厅
厨房
客厅
门厅

客厅墙面采用硅藻泥，米色的墙体不经意涂抹修整的结果也行成一种特殊的不规则表面。餐厅的设计灵感来自南意大利和南法。南意大利向日葵的金黄和南法薰衣草的蓝紫相映，形成一种别有情调的色彩组合，十分具有自然的美感。

主卧大面积使用带有小帆船样式的壁纸，浓浓的地中海风情，飘窗可作为小憩的地方，增加了室内的采光和通风。

BUDDHA

## 户型档案

设计公司：香港元孚国际设计、壹陈空间设计

设 计 师：陈峰、刘宏

项目面积：400平方米

项目地点：山东莱州

主要材料：大理石、实木复合地板、马赛克拼花等

# 异域风情

设计师希望设计中可以融入自由而浪漫的艺术气息，让屋主能感受到惬意和轻松，能有一种较高生活品质的满足感。在别墅等建筑领域，代表着漫长岁月磨砺与考验的完美生活的托斯卡纳风格，是当代人们寻求悠然、浪漫、温暖情怀最好居所的精神寄托。

本案呈现的效果除了自然舒适之外，还有扑面而来的清新风。设计师采用素净色为主案色，其中以洁净的白色为基色调，点缀少许的蓝色、绿色。以简约的线条代替复杂的花纹，配以清新明快的颜色，体现当下生活的悠闲与舒适。

门厅和客厅间通过不同形式的连续拱形进行区分，使空间更丰富化。挑高的客厅空间和纯白的吊顶，配以简洁的家具，为使客厅不显得寡淡，加以地毯上鲜艳色彩的点缀，让空间更显通透、大气。欧美的布艺家具，稳重又不失大气。赤陶花器、石雕花器等装饰物，营造出自然又舒适的居住空间。

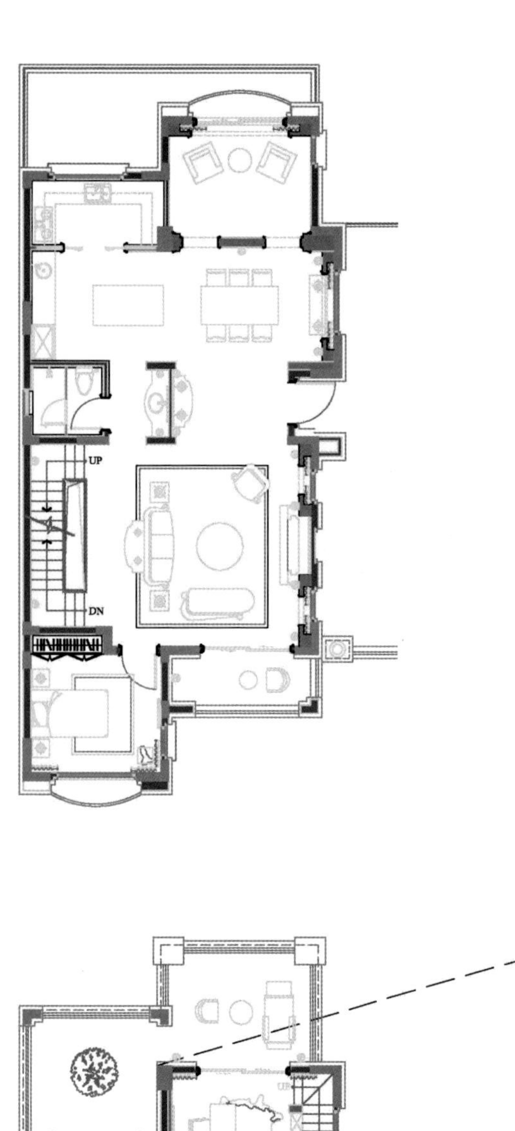
UP
DN

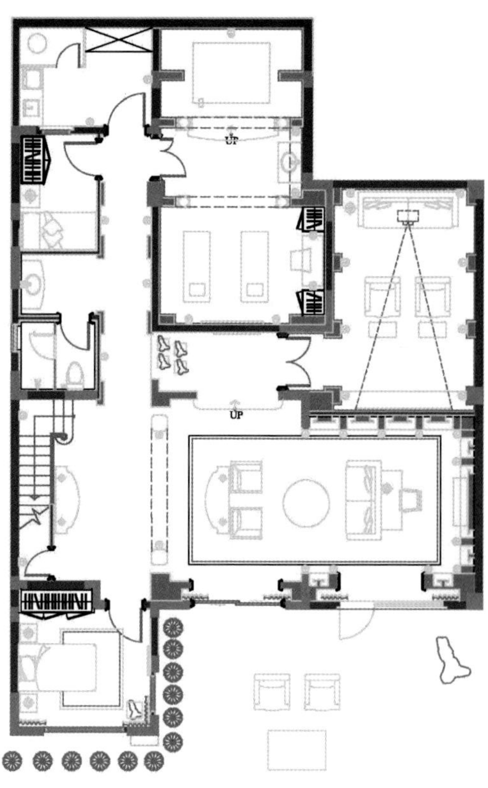
UP
UP

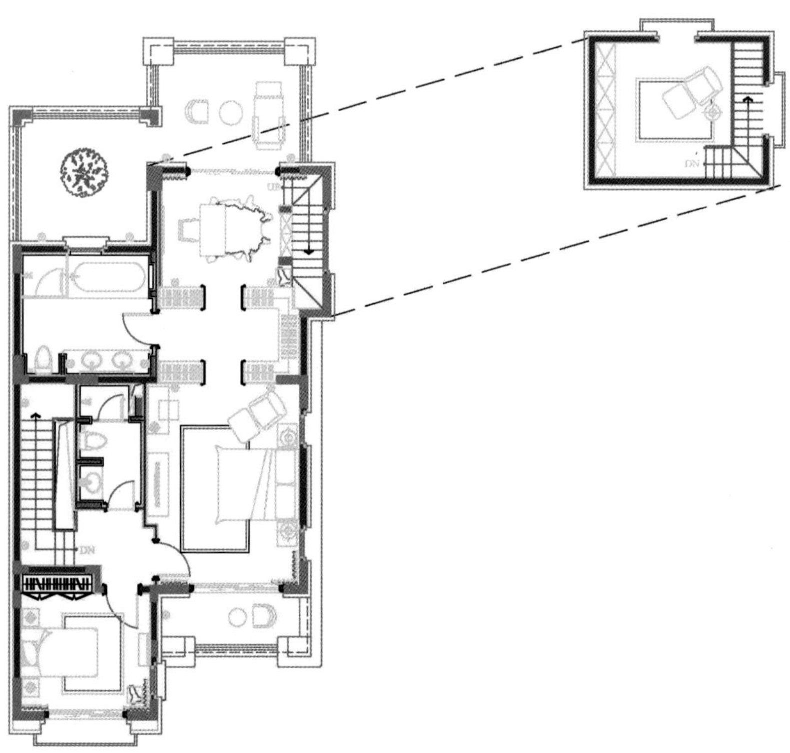
UP
DN
DN

走廊处，典型的托斯卡纳拱形门洞造型，米黄色的质感涂料，搭配富有个性的地砖，极富艺术气息。

卧室配以简单大气的床头背景造型，独特的墙纸纹饰，别致的地毯，别具一格的家具、配饰成为这个空间托斯卡纳风格的最佳载体，自然且舒适。

异域风情的 SPA 室，是让人心情放松，愉悦身心的好选择。

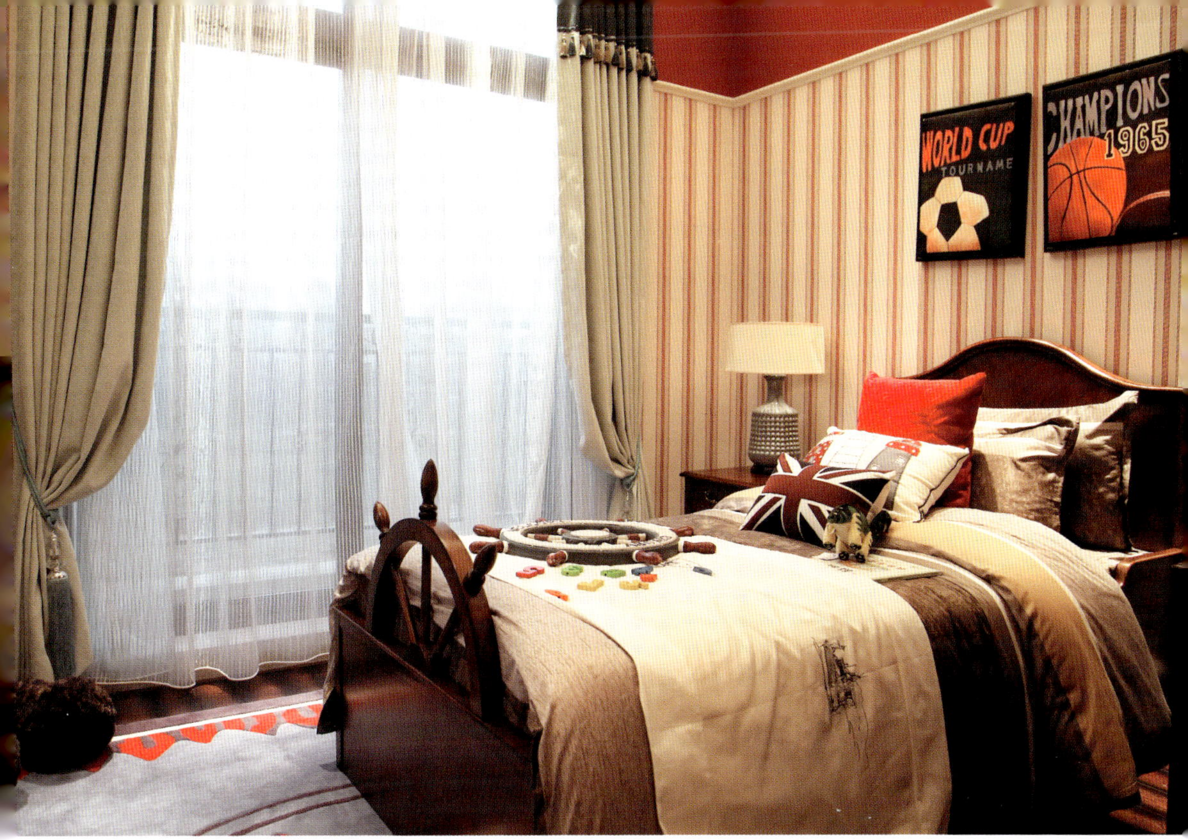
WORLD CUP
TOURNAME
CHAMPIONS
1965

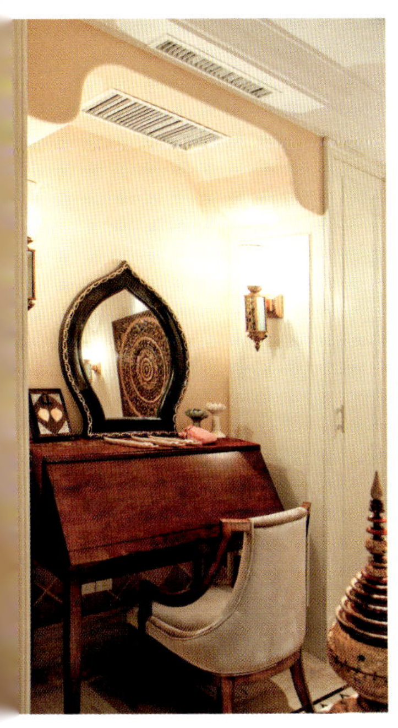

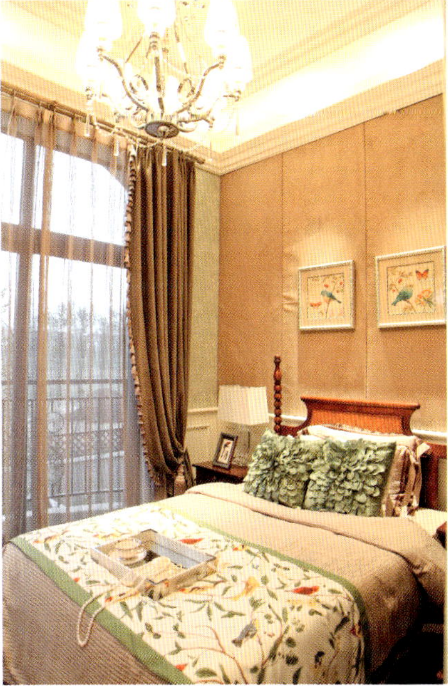

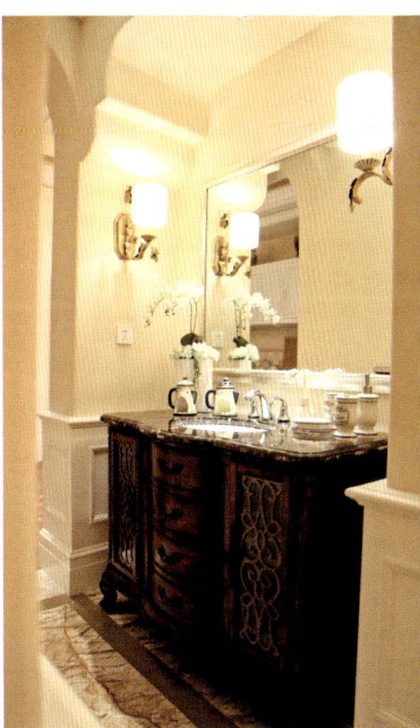

| 户型档案 |

**设计公司：**PINKI DESIGN

**设 计 师 ：**刘卫军

**项目面积：**320平方米

**项目地点：**陕西西安

**主要材料：**涂料、大理石、仿古砖、马赛克等

# 和熙蕴逸

本案的设计展现了一幅浓郁芬芳的法国南部地区普罗旺斯的阳光田园景象。普罗旺斯，已不再是一个单纯的地域名称，更代表了一种简单无忧，轻松慵懒的生活方式，一种“宠辱不惊，看庭前花开花落；去留无意，望天上云卷云舒”的闲适意境。

在色彩的运用上，整体棕红暖色系的设计，就像普罗斯旺的和风暖阳洒在身上，深吸一口气还能闻到浓浓的薰衣草花香，仿佛置身于紫色花海。而用原木桩，木板条构成的天花板则演绎着月色中葡萄架下的芬芳与浪漫。客厅与休息室的挂画里，浓艳的色彩装饰着翠绿的山谷，展示着一年中最好的季节。

格子、布艺的田园风代表了一种简朴而高尚的生活，在这里，把节奏放缓，好好地吸一口忘香草，尝一口鲜味芝士，享受鲜榨橄榄油和顶级黑松露带给味蕾的愉悦也是人生难得的境界。较之客厅的清新阳光，主卧、浴室的设计则在简洁的设计之下更具高雅气质，酒红色的壁花墙纸不禁让人联想到一瓶好年份的红酒，没有华丽的包装，却是香醇、优雅、令人愉快，让人沉醉。风起的时候，是你的味道，是爱情的味道，爱在普罗旺斯……

红木横梁搭配古艺烛台吊灯，餐桌椅、餐边柜等均为红木打造，搭配仿古的地砖，营造出复古的气息。开窗的设计引入自然光，增加了通风，为室内增添清新自然的韵味。

| 户型档案 |

设计公司：康盛国际设计

设 计 师 ：蓝斌

# 清新淡雅

提到休闲，我们的感觉会有：无拘无束、随意的特点。其实生活原本就是随性的，不应该有太多的拘束。家，在我们每个人心中都是港湾，有着不可替代的作用！白天，我们或许在为工作忙碌，待人接物、与人沟通都是非常礼貌和正式。当我们晚上回到家的时候，我们可以把鞋子随手一甩，衣服可以胡乱的甩到沙发上，整个人很放松地躺到沙发上……这就是家！

本套样板房，我们就从休闲出发，结合了一些现在比较流行的色彩搭配，营造出一种小清新、唯美的感觉！基础部分并没有太多复杂的造型，都是一些美式该有元素的组合，简单的线条、素雅的色彩，后期软装部分是重点，由公司软装部全力负责采购，每一个单品都是量身定制，力争全方面展现休息美式的大感觉！

Lajas Mierisc
Gourmet Coff
Lajas Estate
Product Of Nicarag
Crop 2005-200
Criba 16,17
017/134/201

Bordex

Furniture
American Style

温文尔雅的高雅艺术品质，简单流畅的线条、超凡脱俗的吊顶、清新自然的色彩点缀、个性的软装单品，使得每一处都是温馨低调的奢华，尽情地演绎着高品位的舒适生活艺术。

图书在版编目（CIP）数据

设计新主张．清新地中海 / 深圳视界文化传播有限公司编．-- 北京 : 中国林业出版社，2017.5
ISBN 978-7-5038-8940-0

Ⅰ．①设… Ⅱ．①深… Ⅲ．①住宅－室内装饰设计－图集 Ⅳ．①TU241-64

中国版本图书馆CIP数据核字（2017）第077132号

---

编委会成员名单
策划制作：深圳视界文化传播有限公司（www.dvip-sz.com）
总 策 划：万绍东
责任编辑：杨珍琼
装帧设计：黄爱莹
联系电话：0755-82834960

中国林业出版社 · 建筑分社
策　　划：纪 亮
责任编辑：纪 亮 王思源

---

出版：中国林业出版社
（100009 北京西城区德内大街刘海胡同 7 号）
http://lycb.forestry.gov.cn/
电话：（010）8314 3518
发行：中国林业出版社
印刷：北京利丰雅高长城印刷有限公司
版次：2017年7月第1版
印次：2017年7月第1次
开本：170mm×240mm，1/16
印张：10
字数：150千字
定价：68.00元